7号人

轻松粘土

魔法书

卡通玩偶 篇

7号人 糖果猴 / 编著

中青雄狮

中国青年出版社

粘土手工是手工制作的一种，也是最原始和最具创造力的技法。大家的童年也许没有玩过变形金刚、芭比娃娃，也没拍过洋画，但一定都玩过泥巴。用水和土和一堆泥巴，或是直接在沙土中寻找一块视如珍宝的胶泥，普普通通的粘土就这样承载了每个孩子的梦想。孩子们都像拥有了无穷的魔法，在快乐之中创造出了各式各样的玩偶、玩具。而当我们慢慢长大，工作、学习与生活的压力也随之越来越大，每个人都不可避免地受困其中。大人们迷失在各种网游和APPS之中，孩子们则奔波于各种补习班之间。看似开心，貌似充实，却丢失了拥有"魔法"的能力。其实那不是魔法，而是人类最宝贵的一件东西——创造力。人如果没有了创造力，一切都会变得黯然失色，索然无味。如果您想重获"魔法"的能力，那么赶快拥有眼前的这本书吧，当然，您还需要再找来些粘土。这是一本具有魔法的书，把您学习本书制作的作品分享到朋友圈或微博之中，您一定会成为人气之王，引来无数的羡慕嫉妒恨。当然如果您有宝宝的话，这也是一本不错的亲子教材。在快乐中与孩子合作完成一件粘土作品时，您一定会忘记那些曾经花重金上过的亲子课。事实就是这样，世界上最珍贵的东西往往都是廉价的或免费的，比如空气和水，再比如《7号人轻松粘土魔法课》。

　　本书中我们以一个家庭的5位成员为核心，外加他们的亲朋好友，一共设定了10个角色。他们有着不同的职业、外貌和装束。通过学习制作这些玩偶，可以全方位掌握人偶公仔的制作方法与技巧。另外，这10位人物还都有着自己的卡通偶像，如小丸子、机器猫、超人、蝙蝠侠等等。本书也将对这10位卡通大明星的制作方法进行详尽讲解。您也很可能是这些卡通大明星的粉丝吧，那就快来用自己的双手打造属于自己的粘土卡通世界吧。

　　本书在每一章节末尾增设了"粘土魔法小课堂"栏目，其中总结了很多网友提出的高频问题，对于初学者来说很实用。每章开篇介绍了各种脸型、肤色、眼形和眉形等等，大家可以当作模板来使用。对了，还有两位同学要向大家介绍，他们就是"土气大王"和"土气"，是两个超级有爱的粘土公仔，他们会和大家一同轻松阅读本书。

　　最后再来说说自己吧。弹指一挥间，捏泥巴已经捏了近14个年头，有过一往无前，也有过气馁失望。终于到了如今，如今是怎样的一个阶段呢？可能就像文玩里的包浆，我的技艺也有了些岁月历练的痕迹，不再生涩和稚嫩，也不再张扬绚丽，却有了浑厚的光亮。很荣幸能有机会把我和糖果猴老师的一些原创粘土实例分享给大家。如果您和家人、朋友能通过这本书得到一丝丝快乐，那便是对我们最大的奖赏！

7号人　糖果猴

2013年10月17日于北京

Contents 目录

粘土知识

Chapter
01

粘土人物
基础造型

Chapter
02

粘土知识

Chapter

01

1 认识粘土

超轻纸粘土的概念

超轻纸粘土

超轻纸粘土的成分包括发泡粉、水、纸浆、糊剂等。它兴起于日本，目前在世界各地都有使用，主要用于卡通造型、粘土花艺、实用手工等形式的手工DIY艺术创作。与橡皮泥、精雕油泥、软陶等不同，超轻纸粘土有其独特的特性。它不像橡皮泥那样油且不易保存，也不像精雕油泥那样不易上色，更不像软陶一样需要烤制且颜色生硬。它是最适合粘

土瑜伽的一种粘土材料，其细腻程度不亚于日本产的手办玩具。它对细节的表现极为出众，而且易于保存、持久性强、不易变形、不易变色、价格低廉。对于手工初学者来说极易上手，同时也是手工达人的必备材料。可以说，超轻纸粘土就是一种具有魔法的神奇之土。

2 粘土价值

超轻纸粘土太神奇了

2.1 创造力

神奇的创造力

人类的创造力是与生俱来的，但随着我们渐渐长大，各种规矩和规范限制着我们，虽然让我们成为了更加符合社会要求的人，同时也无意间带走了我们的创造力。

然而，在我们人生达到一定高度后，创造力往往又显得尤其重要。那些具有创造力的人往往能成为最后的成功者。

粘土手工便是您修炼创造力的"神物"，在制作的过程中，粘土在您手中变化着各种姿态，并最终成为一件完整的作品。在这个过程中，您所获得的成就感妙不可言。尤其是当您将自己的作品送给亲人、爱人、朋友的时候，我想您一定会感受到自己的"魔法"又恢复了。

2.2 减压神器

神奇的减压神器

捏粘土是最时尚而且最有效的减压方法之一。想想我们儿时手中的胶泥，再想想我们在玩泥巴的岁月里是何等开心，而长大后的我们却忘记了这位让我们轻松的朋友。

捏粘土减压有3种境界。第一种是发泄，胡乱乃至疯狂地捏泥巴，是一种很奏效的减压方法。第二种是捏塑，平静自己的心态，控制自己的呼吸和手指，拿捏粘土的力度，自然而然地就忘记了生活和工作中的压力。最后一种是分享，把粘土手工的技法和感悟传授给他人。帮助别人掌握一套静心减压的方法，自己也会手留余香的。

大王，我觉得好安逸呦！

安逸得很！

快来一起玩粘土！

2.3 亲子工具

神奇的亲子工具

什么是孩子最好的礼物？答案是：家长的陪伴。您的陪伴就是孩子最好的礼物。

在您陪伴孩子的时候，建议您能与孩子一起玩玩粘土。一方面您会惊奇于孩子们超乎想象的创造力，使您更加了解您的孩子；另一方面您也可以帮助孩子完善他的作品，让他对您产生信任感。

我想您和孩子们从粘土中得到的东西，远远多于那些昂贵的儿童玩具和游戏机。

3 手指瑜伽

1~4节，每节请您各做1个8拍。

第 1 节 双手十指相对，随后向内挤压手中空间。

第 2 节 大拇指指肚相对，其余手指指背相对，向下用力。

第 3 节 十指交叉，手腕上提，再向下。

第 4 节 十指交叉，提拉手背。

通过第5~8节，既可以熟悉粘土的特性，又可以粘掉手上和桌子上的灰尘。

第 5 节 抻拉手中粘土4次。

第 6 节 从大到小捏7个粘土球，从手掌到手指，全方位活动。

第 7 节 在桌子上用手擀出细条，再盘成蚊香状。

第 8 节 擀两条泥条，再拧成麻花状。

如果您能在30秒内完成第5~8节，那您绝对是粘土天才！

粘土人物
基础造型

① 肤色、脸型、嘴巴的基础表现技巧

大王，你是什么脸型？

这个……

公仔制作的第一步就是选择肤色，否则就会失去一大特点，千万不可忽视。一般来说我们用肉色或者深肉色的情况比较多，但由于这两个颜色相对较浅，大家捏的时候要注意手和桌子上不要有灰。

脸型也是大家需要认真考虑的，形状一旦不准确，公仔就很难捏得像了。

嘴巴放在第三步，是因为要在泥土没有完全干透的情况下做好嘴巴，避免周围起褶而影响效果。

1.1 肤色

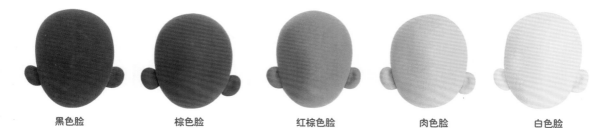

黑色脸　　棕色脸　　红棕色脸　　肉色脸　　白色脸

1.2 脸型

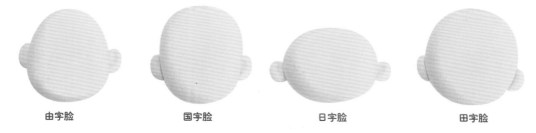

由字脸　　国字脸　　日字脸　　田字脸

1.3 嘴巴

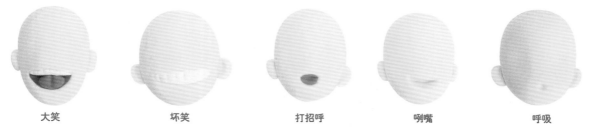

大笑　　坏笑　　打招呼　　咧嘴　　呼吸

② 眉毛——必不可少的造型

至今，我也不知道眉毛长在眼睛上有什么用。但是缺了它们，我想人类一定好看不了。

眉毛对于人们表现自己的感情是很重要的。眉毛角度的细微变化，可以透露人们的心里所想。所以在制作粘土公仔的时候，可以借助这一特点来表现我们所捏人物的性格，或职业、身份的特点。

大王，你看我的一字眉酷吗？

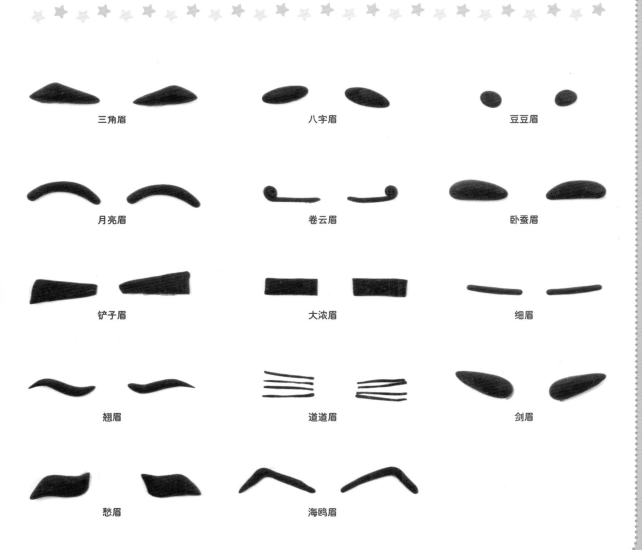

三角眉　　　　　八字眉　　　　　豆豆眉

月亮眉　　　　　卷云眉　　　　　卧蚕眉

铲子眉　　　　　大浓眉　　　　　细眉

翘眉　　　　　道道眉　　　　　剑眉

愁眉　　　　　海鸥眉

3 会说话的眼睛

眼睛的形态可以反映出一个人的内心变化。大家可以仔细观察周围的朋友，看看他们在各种表情下，眼睛有着怎样的形态。虽然卡通漫画对人的眼睛有着很大程度的夸张，但是这些形态也是从生活中提炼出来的，因此对大家制作人偶公仔会有很大帮助。

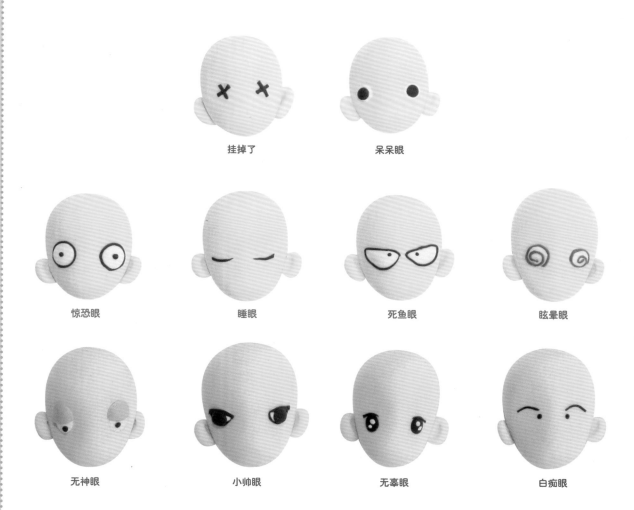

挂掉了　　　　　　呆呆眼

惊恐眼　　　　睡眼　　　　死鱼眼　　　　眩晕眼

无神眼　　　　小帅眼　　　　无辜眼　　　　白痴眼

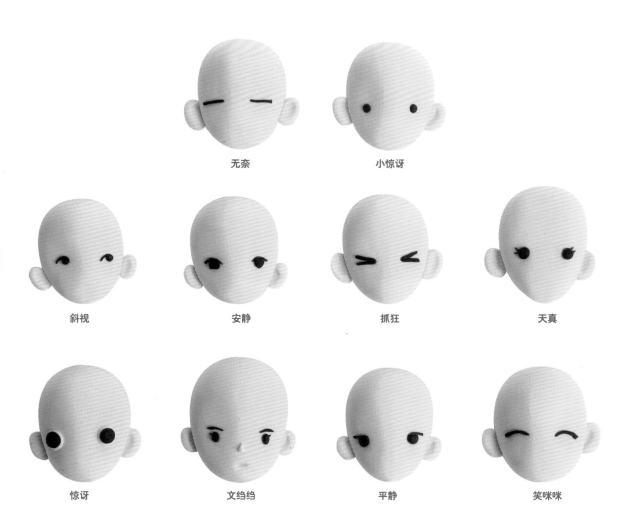

眼睛是粘土公仔制作中非常重要的部分。眼睛不但能反映出人物的神态、表情，还能体现出人物的身份、性格。另外，眼睛的细致与否也对整个公仔有很大的影响。如果一个公仔的眼睛制作粗糙或不合比例，这个公仔基本就失败了。所以大家一定要把握好眼睛的制作，不可以马虎。如果拿不准，可以先试做一下，熟练之后再将其粘贴到公仔的面部。

无奈　　　　　　　　小惊讶

斜视　　　安静　　　抓狂　　　天真

惊讶　　　文绉绉　　　平静　　　笑咪咪

4 体现个性的发型

发型的制作是人物成败的关键，也是表现人物性格的方法。例如朝气的男孩可以捏成短发，甜美的女孩可以捏成可爱的公主发型。制作头发通常是先把鬓角捏好，再捏出后面的头发，最后再一层层地捏出头顶的头发。捏的时候请注意头发的蓬松感，不要用手使劲儿压头发。头发的颜色也能反映人物性格，所以大家要多多注意呦！

小分头

朋克发型

公主发型

齐刘海短发

平头

刺猬发型

偏分

小长发

田园盘发

丸子头

粘土 魔法 ★ 小课堂 1

知识点：随手可得的工具

很多朋友喜欢使用各式工具，以使自己的粘土作品更加完美。东买西买竟然有了几十件工具，但是粘土作品的制作水平并未提高多少。要知道制作粘土时手工工具必不可少，但昂贵工具的作用并不一定很大，最重要的还是需要找到合适的工具。在这个魔法小课堂中，7号人就为大家推荐几个生活中随手可得的超实用小工具。

牙刷

牙刷可以用来为粘土作品按出毛绒般的质感。

保鲜膜

制作公仔时把保鲜膜放在手边，可以随时用来包裹暂时不用的粘土，以防变干。

棉签

为公仔绘制红脸蛋时，可以用棉签蘸上粉色的水彩颜料在粘土上绘制，是一个不错的方法。这样画出的腮红效果要比使用毛笔自然很多。

Chapter

03

粘土世界
奇遇记

人物关系图解

客人

小花的闺蜜

良子

收藏

最爱卡通

周老师

周太太

师生

小花爸爸

小花妈妈

室友

小美的闺蜜

偶像

朋友

小花的哥哥

热恋小情侣

朋友

小甜甜

周小龙

萌宠

姐妹

珍藏手办

小苏

最爱卡通

男女朋友

周小花
本书的女主角

校友

周小美

偶像

偶像

朋友

汉米尔顿

亨利

周小花——花店老板

热爱生活的小花开了一家花店，喜欢大自然的她非常认真地照顾着花店里的植物。她最喜欢的动漫明星就是宫崎骏大师笔下的龙猫了。今天7号人老师就利用粘土魔法帮助小花实现这个与龙猫在森林里相遇的梦想吧！

> ·制作材料·
> 1. 棕色、肉色、粉色等粘土大量
> 2. 白色、红色、黄色等粘土少量
> 3. 圆头工具、刀形工具

2.1 周小花的制作步骤

头部和五官

1 首先制作脸型，以椭圆为基准，要做得圆滑。接下来做耳朵、鼻子和嘴巴。注意耳朵和鼻子在一条直线上，嘴巴用圆头工具来制作。

2 然后用棕色的粘土做眼睛和眉毛。眼睛是圆圆的，在眼尾部用细粘土做出眼睫毛。眉毛是两条短线。

3 再来做可爱的丸子头。这里教大家一个不分组做刘海的方法，就是将一整块粘土泥贴在额头上，然后用刀形工具切出刘海的走向。

身体

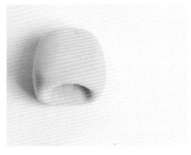  

1 做粉色的上衣时，要事先在身体的部分掏出一个可以放腿部的空隙。

2 然后用刀形工具做衣服的衣襟部分。

3 接下来用红色粘土做腿，放入之前做的上衣里，用与上衣同色的粘土做袖子。

4 用白色粘土为衣服做领子和扣子。

5 再用黄色粘土做鞋子。

6 最后将头和身体组装在一起，可爱善良的小花就完成了。

2.2 仙人掌的制作步骤

花盆

1 首先选用砖色的粘土来做花盆。

2 接下来将黑色、白色、灰色还有棕色的粘土揉成小球，做成石子并填充到花盆里。

仙人掌

1 然后将绿色的粘土捏成有棱的泥条，三根一组拼贴起来，做成一根仙人掌。

2 再将做好的仙人掌插入之前准备好的花盆里。

3 然后给仙人掌装上嫩黄色的刺。

Point! 这是完成图。这里的重点是仙人掌的高矮要有层次，这样摆在一起才漂亮。

2.3 三叶草的制作步骤

花盆

1 用纯白色的粘土做瓷花盆。首先做一个立方体。

2 接下来用工具沿着方形的边缘向下按，按出一个方形的槽，注意要留出一定的厚度。

叶茎和叶子

1 然后用剪刀将最细的骨架剪成等分的小段，作为植物的梗。

粘土·小·贴士
超轻纸粘土有着和纸一样的特质，所以在作品需要的时候，可以用颜料进行上色。

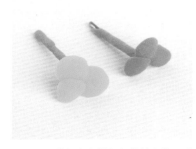

2 再用草绿色和嫩绿色的粘土做三叶
草的叶子。

3 做好的叶子如图。

4 最后将做好的叶子错落有致地插在
花盆里。

2.4 多肉植物的制作步骤

花盆

叶茎

1 白色瓷盆的做法同上。

2 接下来填入黑色粘土，用刷子工具
做出培土的肌理效果。

1 然后准备一根骨架，裹上绿色粘
土，作为植物的茎。

叶肉

1 再用较深的绿色粘土从底层开始做
多肉植物的叶子。

2 然后用草绿色的粘土做叶子，每上
一层，叶子都减少一些。

3 将红色的颜料涂在叶子的顶端，使
多肉植物的叶子更逼真。

4 将做好的植株插入之前做好的花盆中，稍微弯曲些更漂亮。

5 再用短小一些的骨架做长在一旁的杂叶。

6 最后将杂叶插在根部，一盆可爱的多肉植物就完成了。

2.5 "不夜城"的制作步骤

花盆

叶肉

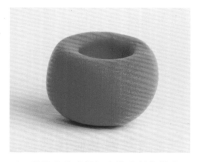

1 首先我们选择红色粘土制作花盆。这次花盆的形状用圆形。

2 接下来将白色粘土搓成小球放在花盆的底部，作为白色石子来装饰。

1 然后将深绿色粘土揉成尖头的小条，作为叶子的基础。

2 再用白色粘土细线一圈一圈地将叶子圈起来，如图。

Point! ▶ 叶子要做得有大有小，这样在组合的时候才能错落有致。

3 最后将做好的叶子从外向内一根根插好。一盆可爱的"不夜城"就完成了。

周小花和她的萌宠

3 龙猫——周小花的萌宠

龙猫有1302岁，身体呈灰色，是友善的森林守护者，只有善良的孩子才能看见龙猫。相信大家都十分喜欢看宫崎骏大师的动画片《龙猫》吧，它让我们想起自己的童年，现在就让我们用粘土来再现那些美好的时光，做一只充满童趣的龙猫吧。

· 制作材料 ·
1. 灰色、棕色、绿色粘土大量
2. 黑色、白色、肉色粘土少量
3. 剪刀、美工刀、圆柱形工具

3.1 龙猫的制作步骤

身体和五官

1 首先将灰色的粘土揉成椭圆形，上窄下宽。

2 眼睛和鼻子的位置在一条直线上。眼睛先用白色的粘土进行铺垫，鼻子是一个长的椭圆形肉色粘土球。

3 然后做白色的肚皮部分，大约占整个身体的2/3。

4 接下来做细节。先给龙猫加上黑色的瞳孔，然后是菱形的耳朵。

5 接下来做两边三组胡须。胡须用黑色的粘土制作，然后用剪刀均匀地剪出6份。

6 然后用比身体颜色略浅的灰色泥条做成箭头的形状来做龙猫肚皮上的花纹。中间大两头小。

四肢和尾巴

1 接着是手臂。手臂是水滴形状，在顶端加上黑色的爪子。

2 接下来是脚掌，脚掌比较小，因为大部分藏在厚实的身体中，我们这里只做露出来的部分即可。

3 然后把脚掌固定在身体下方。

4 最后将胳膊固定在身体两侧,位置大概与胡须同高。

5 给龙猫捏一个像小药粒一样的圆柱形尾巴。

6 粘上尾巴以后整个身体就稳定了。龙猫的尾巴做得粗大些会更可爱。

3.2 大树洞的制作步骤

树干

1 首先选用棕色粘土制作树干。

2 接下来用美工刀在树干的表面做肌理效果。

3 然后用圆柱形工具在树干上掏出一个洞,洞的四周要平滑。

树冠

Point! 趁着泥还没有干透,用美工刀在树干上划出肌理效果,让树干更有沧桑感。

1 取草绿色粘土做树冠。先做一个扁圆片作为基础。

2 接下来做一小片一小片的树叶。

粘土·小·贴士 进口超轻纸粘土在干燥后是可以用工具雕琢的。

3 然后将树冠最顶端的树叶按照上图所示的形状进行排列。

4 接着在底色粘土上贴上树叶。

5 注意要按照从外向内、从下到上的顺序贴树叶。

6 贴上树冠最顶端的树叶，这样树冠就制作好了，丰满吗？

7 然后将树冠放到树干上。

8 对照一下树与龙猫的大致比例，树洞要能容纳下一只龙猫的身体才行。

草坪

1 接下来装饰树的周围环境。选择深于树冠的绿色粘土来做草坪。

2 然后给草坪周围贴上小花和矮树丛，让整个景观看上去更为丰富。

3 最后等粘土都完全干透以后将龙猫放入树洞，就可以拿起相机为您的作品拍照了。龙猫笑一下！哈哈！

周老师——周小花的爸爸

小花的爸爸是名英文教师，所以他特别喜欢看译制电影。《钢铁侠》1、2、3部他都看过，《美国队长》和《绿巨人》当然也不会错过，着实是一个真正的电影迷。他还特地收藏了电影主角的手办。我也希望有这样一位爱玩的父亲。好了，让我们一起动手打造这样一位时髦的老爹吧。

· 制作材料 ·
1. 棕色、黑色、蓝色等粘土大量
2. 灰色、肉色、白色等粘土少量
3. 钢尺、铁丝

4.1 周老师的制作步骤

头部和五官

1 首先是脸型和耳朵的制作。

Point! 男性的鼻子我们要做得稍微大一些，嘴巴也宽一些。

2 爸爸的头发、眉毛和眼睛我们都用比较粗的黑色粘土条来表现。

身体

1 再为爸爸选择一件棕色外套吧。

2 用白色粘土做里面的衬衣。

3 袖子的颜色也是棕色的。胳膊要做得粗壮些。

4 接着配上一条灰色裤子。纹理用刀形工具修饰一下。

5 然后是细节，包括扣子和黑色的鞋子。将胳膊组装到身体上，趁泥没有完全干燥，为他摆出造型。

6 用一根细铁丝作为教鞭。

Point! 两个部分的连接都要依靠粘土的自然粘性，如果完全干燥的话就需要胶水来辅助了。

4.2 黑板的制作步骤

黑板

7 最后，将头部和身体组合在一起。小花爸爸的造型就完成了。是不是很帅？

1 做黑板时首先要用一块厚实的黑色方形来当黑板的主体部分。

2 接下来用黄色泥条包裹黑色泥，做黑板的外边缘。

黑板擦

3 然后选用蓝色和绿色粘土混合来制作支撑黑板的墙壁。墙壁要比黑板厚实些。

4 再来将两个部分组合在一起。组合的时候要注意黑板向后黏贴，留出一定空间放黑板擦。

1 为了提亮整体效果，黑板擦选用粉红色。

2 将黑板擦摆放在黑板前。

3 最后老师登场。一组带场景的教室景观就做好了。小花的爸爸讲起课来真是有模有样啊！

周老师和他的收藏

周老师和他的收藏——1. 钢铁侠

钢铁侠托尼·斯塔克拥有赋予他超人力量、超人耐力、飞行能力以及多种武器的动力装甲。作为美国的亿万富翁与军火制造商，他以独特的生活方式与过人的聪明才智而闻名于世。

·制作材料·
1. 红色、橙色粘土大量
2. 黄色、蓝色、白色粘土少量
3. 刀形工具

头部和五官

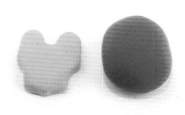  

1 因为钢铁侠是机甲造型，所以首先做他的头盔。头盔分为两个组成部分，面罩是金色的，我们用橙色来代替，主体部分是红色的。

2 接下来将两个零件组合在一起。

3 然后是发光的眼罩部分，我们用蓝色粘土制作。面具的其他部分用刀形工具划出。

身体

奶瓶

1 接下来做身体部分。关键点是三角形的能源器。

2 四肢也要表现出机械感，关节和联动的机甲要做得可爱又结实。

1 因为是可爱版的钢铁侠，所以我们给他配一个奶瓶。一看标志就知道是钢铁侠专属了。

组装

1 图为钢铁侠的全部组件。将头的比例做得大一些，能让冷酷的机甲变得生动可爱。

2 首先将头部、身体、腿和脚进行组装。

3 最后把奶瓶放在钢铁侠宝宝的手上，这样可爱版钢铁侠就完成了。

周老师和他的收藏——2.绿巨人

布鲁斯在一次实验中为了保护一名同事，自己暴露在致命的伽马射线之下，因而体内的神秘力量被意外唤醒。从此之后，每当情绪激动时，布鲁斯就会失去自我意识，变身为绿巨人，并且同时具有超强的破坏力和抗拒意识。但布鲁斯并不知道也不想知道自己异于常人的变身能力。对他来说，自己只是一位没有过去、充满困惑、孤独的科学家。

·制作材料·
1. 绿色粘土大量
2. 黑色、黄色、蓝色等粘土少量
3. 刀形工具

头部和五官

1 因为绿巨人整体是绿色的，而且头也比较粗犷，所以在做五官的时候可以放心大胆地做。

2 接下来用深于肤色的绿色粘土来做眼线，因为给他做了一个要叼在嘴里的奶嘴，所以要做一个张开着的嘴巴。

3 接着做一个黄色的、可爱的奶嘴。然后为绿巨人贴上黑色的头发。头部就完成了。

身体和汽车

1 再来做绿巨人的身体。
Point! 要做出胸肌和腹肌来，虽然是小细节，但也不要省略，这样才会更有型。

2 然后用浅蓝色的粘土做绿巨人的遮羞布。

3 用骨架做出绿巨人的腿部，再做出厚实的脚掌。

4 将身体组装起来。

5 为绿巨人做一个小汽车，等待干燥以后将其掰开。然后做巨人的手掌，将掰好的小汽车摆放在其手心里。

6 最后将手组装到身体上，造型是用双手掰开小汽车的手势。

周老师和他的收藏——3.美国队长

美国队长斯蒂夫·罗杰斯是一名接受实验并被改造成"超级士兵"的美国青年，在二战中立下显赫战功，通常被视为美国精神的象征。

· 制作材料 ·
1. 蓝色、白色、红色粘土大量
2. 肉色、黑色粘土少量
3. 圆头工具

头部和五官

1 因为美国队长的脸带着面具，所以脸部只需要做出鼻子和嘴就好了。

2 接下来用蓝色粘土做面具。面具把头部都包裹起来。

Point! 这里有个细节，就是在眼罩处用圆头工具挖出眼窝并填上肉色粘土，然后再做出一个笑咪咪的眼睛。

身体   盾牌

3 用红色粘土填充嘴巴，在上面用白色粘土做一个大板牙。再为面具做装饰——英文字母大写"A"。

1 接下来做圆柱形的身体，上面是美国星条旗花纹。

1 盾牌用红色和白色粘土层层叠加，最后放上星星，盾牌就完成了。

四肢

1 接下来做短小可爱的四肢。

2 将四肢组装在身体上。

3 最后将盾牌摆放在他身边，就可以拍照了。

周太太——周小花的妈妈

周小花的妈妈是一位全职家庭主妇，她喜欢看动画片，最爱小丸子。她一直说要是能遇见一个和小丸子一样的小朋友，她就请她吃丸子！嘿嘿，就让我们满足小花妈妈的这个愿望吧！

· 制作材料 ·
1. 黑色、紫红色、白色等粘土大量
2. 红色、黄色、绿色等粘土少量
3. 刀形工具、剪刀

6.1 周太太的制作步骤

头部和五官

1 首先基础脸型还是不变。接下来是耳朵、鼻子和嘴。妈妈的年纪比较大，所以鼻子要做得稍微圆一些。

2 因为妈妈是中年人，所以眼睛和眉毛的颜色都选用黑色。

3 妈妈的卷发从后向前做，做成羊毛卷状。

Point! 前面卷发的手法与后面的不同，是扁长形的。

身体

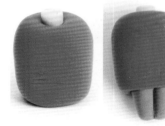

1 上半身用刀形工具划出毛衣的质感。用灰色粘土做裤子。

2 用白色粘土制作围裙。先做成片状，再用剪刀修剪。

3 接着做胳膊。在粘土干燥前做出姿势并将其粘贴在身体两侧。

6.2 菜篮子的制作步骤

萝卜

篮子

制作一些简单的胡萝卜来装饰妈妈的菜篮子。

1 用棕色做篮子的主体。用刀形工具做篮子的肌理。

2 将篮子固定在妈妈的手臂上，然后让另外一只手也拿上根胡萝卜。

6.3 蔬菜柜台的制作步骤

白萝卜

1 首先做三个白萝卜的主体。

2 接下来搓出绿色粘土条,用剪刀剪成两段,做成萝卜缨子。

3 然后将缨子与白萝卜组合在一起。

展示台

1 首先用黄色粘土做成方形粘土块,然后用均匀的粘土条围绕粘土块做成蔬菜筐。

2 接下来用棕色做蔬菜筐的底座。整体形成一个斜坡,用于展示商品。

3 然后将两部分组合在一起。

组装

1 为胡萝卜做上可爱的笑脸,然后将白萝卜摆放在蔬菜筐中。

2 将做好的西红柿摆放在蔬菜筐中,表情丰富的西红柿们是不是很可爱呢?

3 最后将场景组合在一起。为家人精心挑选食材的妈妈辛苦了。

周太太和她最爱的卡通

小丸子——周太太最爱的卡通角色

在学校担任小动物值日生，喜欢无理取闹，爱和姐姐争吵，平时爱看
《Ribbon》漫画但不爱运动，不收拾房间，对功课临时抱佛脚，爱占便宜，
喜新厌旧还粗心大意，是个拥有不少小缺点的女孩。不过她一直为当漫画家
的梦想而坚持，也曾在班上仗义执言，是个爱护小动物、有侦探头脑、乐观
的小女孩。

· 制作材料 ·
1. 粉红色、黄色、棕色等粘土大量
2. 黑色、红色、绿色粘土少量
3. 尖头工具、剪刀

7.1 小丸子的制作步骤

头部和五官

1 首先制作小丸子的脸，其基础脸型
比较圆。

2 接下来组装耳朵的时候位置要靠下
一些。

3 然后用白色粘土制作椭圆形的眼白
并贴在脸上。

4 再用尖头工具抠出小丸子月牙形的
嘴巴。微微向右倾斜。

5 然后在嘴巴里面填上红色粘土。

6 用黑色细线给眼白做上眼线。

7 然后用黑色小粘土团做出瞳孔。

8 捏出粗细均匀的细线来做眉毛。眉
毛的弧度能体现小丸子的性格。

9 然后把粉红腮红贴在靠近脸部下方
的位置。

10 接着用黑色粘土做头发，先贴脑后的。

11 接下来做刘海部分。用剪刀剪出锯齿状。

12 这是头发后部的效果图。

身体

1 首先做黄色的上衣。

2 接下来用红色粘土做出裤子，因为选择躺着的姿势，所以一条腿是弯曲起来的。

3 然后做鞋和袜子。

Point! 小红鞋里是白色的袜子，这里的制作要注意鞋带和袜子的层次感。

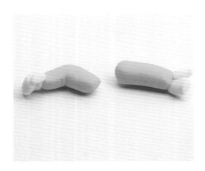

4 再来做胳膊，胳膊是一个伸直，一个弯曲。

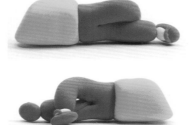

5 然后将身体、腿和脚进行组装。

6 将胳膊的姿势摆好并固定好，然后黏贴在身体上。

粘土·小·贴士 做东西时，随手能够用到的工具要存起来，没准哪天就用到了哦。

7.2 樱花树下的场景制作步骤

地面　　　　　　　　　　　　　　　　　树干

7 最后将头部组装上，人物的部分就大致完成了。

1 场景部分的底座。首先做个椭圆形的饼状底座。

1 接下来是樱花树的树干。

树冠

2 然后可以根据大家的喜好来做树杈的形状。

1 用大小不等的粉红色粘土球来制作树冠。

2 完成后的樱花树是不是有繁花似锦的效果？

丸子

1 小丸子手中拿的丸子用一根细骨架串起来。

2 等待丸子干燥后将其组装在手部。

3 最后将树也组装到底座上，在樱花树下得意地吃着丸子赏樱花的惬意，你是不是也已经感受到了？

周小美——周小花的姐姐

有着一份优质工作的姐姐生活得非常小资，有自己的格调，喜欢可爱的东西，日常的生活用品和在房间的布置上，都不放过一切可爱的东西。她尤其钟爱HELLO KITTY。

· 制作材料 ·
1. 棕色、紫色、绿色等粘土大量
2. 黑色、肉色、粉红色等粘土少量
3. 钢尺

8.1 周小美的制作步骤

头部和五官

1 首先是基础脸型，颜色略浅于其他人物。耳朵做得小巧可爱些。

2 接下来的嘴巴和鼻子也要做得秀气一些。

Point! 姐姐的眉毛细而弯，睫毛做成两个更加可爱。

3 再来做姐姐的碎刘海和齐肩短发，头发的颜色选用浅棕色会显得更加洋气。

身体

1 洋装选用亮紫色，配上白色的娃娃领和两粒白色扣子显得更可爱。

2 用骨架做腿，然后插入并固定在做好的裙子中。

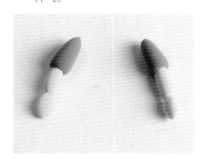

3 然后做一个半袖的胳膊。

4 在粘土没有完全干燥的时候进行组装，顺便摆出手臂的姿势，鞋子选用粉红色。

5 最后将头部组装在身体上，漂亮可爱的姐姐就完成了。

8.2 香皂盒的制作步骤

香皂盒

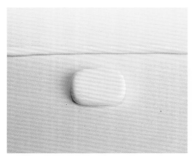

1 肥皂盒的制作用浅粉红色粘土。先用粘土做一个长方形盒底，然后揉一个均匀的粘土线做盒边。

2 接下来将盒边与盒底组合在一起。

Point! 这里要注意做边的时候手要轻，否则与盒底糊在一起，边缘不清楚就不美观了哦。

香皂

1 选择白色的粘土做香皂，捏成小于香皂盒大小的椭圆体。

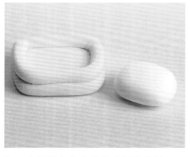

2 这是香皂盒和香皂比例的参照图。

3 等待香皂盒干燥后将香皂摆放其中，粉红色的盒子加上白色的香皂是不是很可爱呢？

8.3 牙具的制作步骤

牙缸

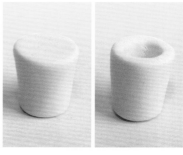

1 首先牙缸的颜色选择嫩蓝色。形状是传统的长杯子。用圆形工具抠出杯子的口。

牙刷

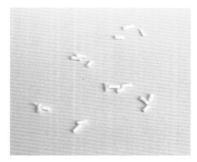

1 接下来用剪子剪断揉好的细泥线，注意两端要剪出平头，来做牙刷上的毛毛。

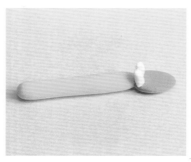

2 然后将毛毛用镊子一根根摆放在事先做好的牙刷把上。

3 如果要做两把牙刷，颜色上可以稍微有些区别，这样统一又有变化。

牙膏

4 将做好的牙刷放到杯子里，最后装饰上一颗白色的心，整个杯子都亮起来了。

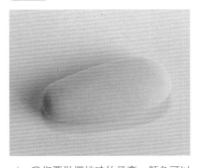

1 我们要做樱桃味的牙膏。颜色可以用清爽的薄荷色。

2 接下来配上黑色的瓶盖会有意想不到的提亮效果哦。

3 然后用钢尺在牙膏体尾部切出机器压出的痕来，这样看上去更逼真了吧。

4 将牙膏盖和牙膏体组合在一起。

5 然后制作立体的樱桃标志，这样既可爱又漂亮。

8.4 洗面奶的制作步骤

1 制作洗面奶。首先制作瓶身和瓶盖的基础造型，如图。

2 接下来将瓶身捏成顶端扁平下端圆柱的形状。

Point! 这个形状的大小要配合瓶盖的部分，瓶盖是一个圆柱体，两个组件要能够对接上哦。

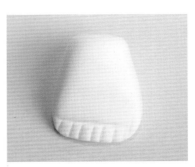

3 然后用钢尺在瓶身尾部切出机器压出的痕来。步骤和制作牙膏尾部是一样的。

4 再来装饰瓶身。不知道大家有没有用过这种HELLO KETTY的洗面奶，它可是姐姐的大爱哦。

5 接着用美工刀切出瓶盖部分的压痕。

6 最后将瓶盖和瓶身组合在一起，一只可爱的HELLO KETTY洗面奶就做好了。

周小美和她最爱的卡通角色

9 HELLO KITTY——周小美最爱的卡通角色

有这样一只小猫，脸蛋圆圆的，左耳上扎着一个蝴蝶结，还有一截小尾巴，它的名字叫Hello kitty。它是女孩子的最爱，装饰着许多孩子的生活用品，是这个星球上知名度最高的猫之一。

> **·制作材料·**
> 1. 白色、绿色、灰色等粘土大量
> 2. 黑色、黄色、红色粘土少量
> 3. 圆头金属棒、钢尺

9.1 HELLO KITTY的制作步骤

头部和五官

1 首先将头部做成一个扁形的椭圆体。
Point! 做HELLO KITTY要先洗手，这个过程要保持手部的清洁哦。

2 这是耳朵和头的比例参照图。

3 耳朵的位置非常靠近头顶的外侧，呈三角形。耳朵要捏得厚实才有可爱的效果。

4 鼻子的位置靠近整个脸的下端。
Point! 先贴上鼻子定好位置，之后眼睛和胡子就知道要贴在什么位置了。

5 眼睛的位置要高于鼻子的位置。

6 胡子每边三组，最上面的胡子与眼睛大概平齐。

蝴蝶结

1 用红色粘土做蝴蝶结。用圆头金属棒制作蝴蝶结的小窝。

2 接下来将两个小球黏合。

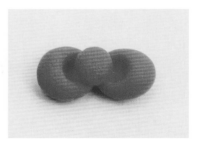

3 然后在上面加上蝴蝶结的结。

毛巾

4 最后将蝴蝶结戴在它左面的耳朵上面。

1 用一块浅黄色的粘土片做毛巾。

将粘土片卷起。

9.2 温泉场景的制作步骤

3 泡温泉的人都喜欢将毛巾顶在脑袋上降温,所以我们也把毛巾放到猫咪的头上。

1 首先用棕色的粘土做底色,绿色的粘土做水的部分。两块粘土揉成大致一样的形状。

2 接下来将两块粘土叠放,形成一个水潭的形状。

3 然后用灰色的泥捏成石块的形状,形状当然是越随意越好。

4 再将捏好的石块摆放在水潭的四周,围成一个圈,这样一个温泉水池就做好了。

5 将猫咪的头部贴着水池的边缘放好,有种枕着石头的感觉。

6 然后做露在水外面的四肢。

7 这是俯视图，看得更清楚些。

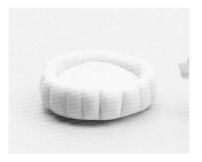

8 用与毛巾同色的粘土做一个小木桶的形状。

9 然后做只黄色的戏水小鸭子。

10 接着将鸭子放到木桶上待用。

11 这是泡温泉的Hello Kitty和小鸭子的比例参照图。

12 最后将水桶放到水里去，一个富有卡通童趣的温泉场面就做好了。

13 侧面来一张照片。

14 顶视图会看得更清楚。

周小龙——周小花的哥哥

小花的哥哥梦想着有一天能够成为超级摄影师,抓拍到世界各地最神奇的镜头,于是他带着照相机游历了世界各地。他还有一个心愿,就是如果哪天能碰到蜘蛛侠,一定为他抓拍到更多帅爆了的照片。今天就让我们动手帮助哥哥实现这个愿望吧!

· 制作材料 ·
1. 棕色、军绿色、黑色等粘土大量
2. 红色、肉色粘土少量
3. 刀形工具、尖头工具、圆头工具

10.1 周小龙的制作步骤

头部和五官

1 首先用尖头工具在脸上掏出一个大嘴窝。表现出哥哥张着嘴巴的表情神态。

2 接下来用深红色粘土填充口腔,用白色粘土做出上牙。

3 然后是五官。

Point! 男孩子的五官可以做得粗犷些,这样更有男子气概。

身体

4 再用棕色粘土做出随意的短发。

1 职业摄影背心要选用军绿色粘土。

2 然后搭配一个白色汗衫。这里别忘了给摄影背心加上很多兜兜。

3 然后制作穿着白色短袖汗衫的胳膊及手部。

4 为哥哥做一条棕色的裤子,这样和绿色马甲比较搭配,然后做一个单反相机,稍后我们会详细讲解相机的制作步骤。

5 最后安装上头部。挺帅气的吧!

10.2 单反相机的制作步骤

1 首先来做单反相机的机身，人性化的手柄部分要做出弧度。

2 接下来制作镜头。
Point! 做粘土单反相机我们要简化步骤，化零为整，这样做出来的东西才可爱。所以镜头我们分两个部分。

3 然后用红色粘土线绕在镜头上。红圈头是"牛头"，摄影师都梦想拥有，这里就满足一下吧。

4 再来制作遮光罩。遮光罩有一定的曲线弧度，我们用工具进行整理。

5 镜头是灰色的，上面加上白色的光点，就更逼真了吧。

6 然后是机身上的按钮快门。

7 以"无敌兔"为范本，相机机身上有很多按钮和显示屏。要耐心地制作哦。这里的细节还是要有的，都省略可不行哦。你也可以用自己喜欢的相机做范本。

8 最后将镜头和机身组装在一起。这是背面效果图。

9 这是正面效果图。

粘土·小·贴士
超轻纸粘土需要密封保存，所以要注意随手放好用过的粘土哦，否则干燥了就不能用了。

周小龙的偶像

11 蜘蛛侠——周小龙的偶像

蜘蛛侠是MARVEL漫画中的超级英雄角色，他的真名是彼得·本杰明·帕克，是一名普通的高中生，被一只受到放射性感染的蜘蛛意外咬伤后，他获得了蜘蛛一般的特殊能力。我想每个少年都想拥有和蜘蛛侠一样的经历吧！

· 制作材料 ·

1. 红色、蓝色、灰色粘土大量
2. 黑色、白色粘土少量
3. 针管笔、刀形工具

11.1 蜘蛛侠的制作步骤

头部和五官

 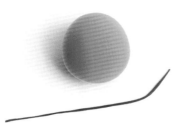

1 首先以一个粉红色圆球开始蜘蛛侠的制作，这个圆球当然是他头部的基本形状。

2 接下来准备捏几组非常细且均匀的黑色粘土线。这些线用来做脸部的网状结构。

3 因为脸上的细线分布的比较密集，所以请大家耐心制作，首先粘贴纵向粘土线。

身体

4 再来粘贴横向粘土线，看起来就像地球的经纬线。

5 然后用白色粘土做眼睛，眼睛的四周也要用黑线勾勒。

1 身体部分是蓝红相间的。

2 这是蜘蛛侠的手臂。

3 这是腿部的造型。

4 用0.3mm的针管笔来画蜘蛛侠身上的网状结构，

Point! 这里是因为身体制作的比较小，所以用画的，做得大最好还是用粘土线。

5 将头和身体组合。

6 然后是手的组装，注意保持姿势。

7 组装盘起来的腿。

11.2 场景的制作步骤

8 最后用一根事先涂好白色颜料的铁丝作为蜘蛛侠的蛛丝。

1 首先准备大量灰色泥做场景。

2 接下来将灰色的泥揉成圆柱形。

3 然后在一端做出鹰嘴的形状。

4 再用半圆形做鹰的眼睛。

5 虽然要表现的是石雕，但是眼睛的细节也不能放过。

6 做出形状、大小大体一致的泥片作
为鹰的羽毛。

7 在每个羽片上用刀形工具切出纹理，
增加羽毛的质感。

8 羽毛的排列要讲究层次。

9 补充一些细节，雕像的头部就制作
好了。

10 然后制作墙壁。用灰色粘土做
成长方体。这是墙壁与雕像头
的比例效果图。

11 用刀形工具切出砖的肌理。

12 小场景只需要做出一部分结构
就可以。然后将墙组装起来。

13 接着粘上雕像的头部。

14 最后将做好的蜘蛛侠倒挂在整
个建筑上。

亨利——周小龙的非洲朋友

亨利生活在非洲，他向往着能够去世界各地旅行，从而能开阔眼界将新鲜的故事说给家乡的朋友听。他最崇拜的人就是黑暗中的正义使者蝙蝠侠，他希望在他的美国之旅中能够一睹蝙蝠侠的英姿！Henry的愿望就由我们来帮他实现吧。

·制作材料·
1. 棕色、黄色粘土大量
2. 黑色、肉色、蓝色等粘土少量
3. 圆头工具、钢尺

头部和五官

1 首先制作亨利的头部。
Point! 亨利的肤色有别于其他的人物，我们用棕红色粘土来制作。

2 头发要符合人物的身份，亨利的头发应该是贴着头皮的卷发，这是黑人的特征，还有厚厚的嘴唇，为了可爱我们干脆做成"0"字型。

身体

1 然后制作非洲人比较喜欢的鲜艳颜色的衣服，这样能够衬托出他们健康的肤色。

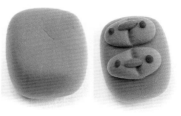

2 为亨利选择短裤作为他的打扮。

3 然后做出亨利的两只胳膊。

行李

1 接着制作军绿色的背包。要注意细节的处理。

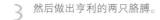

2 再给亨利加一个拉杆旅行箱，颜色用天蓝色。

3 将身体和背包组装起来。

4 最后是头部和行李箱的组装。亨利完成了。

遇见偶像

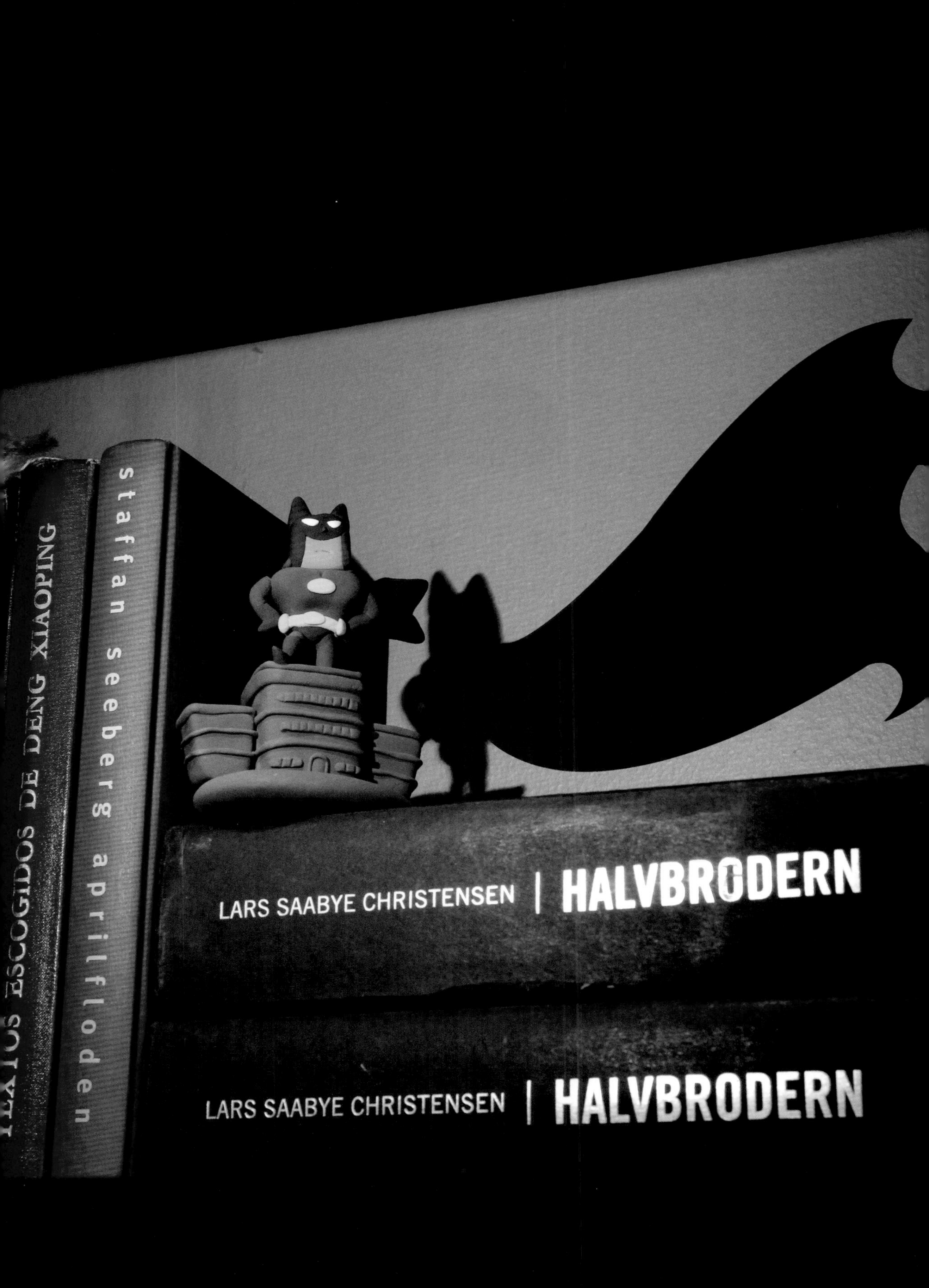

蝙蝠侠——亨利的偶像

他的真名是布鲁斯·韦恩，是高谭市最富庶的韦恩家族的独子。白天，他是别人眼中的无脑富二代、花花公子；晚上，他是令罪犯闻风丧胆的黑暗骑士——蝙蝠侠。

·制作材料·
1. 深蓝色、肉色、深灰色粘土大量
2. 黄色、白色粘土少量
3. 刀形工具、铁丝

13.1 蝙蝠侠的制作步骤

头部和五官

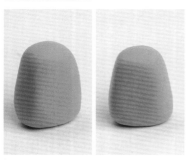

1 首先做蝙蝠侠的脸部，我们将蝙蝠侠的脸部归纳为长方形。

2 接下来选择深蓝色粘土制作他的面具。

3 然后将蓝色粘土包裹在头部。留出嘴巴的部分。

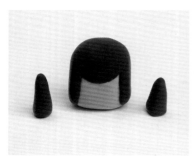

4 再制作两个小尖耳朵。

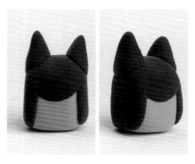

5 将耳朵组装在头顶，不需要角度，垂直就好。

6 然后用白色粘土做眼睛，眼尾向上翘起，然后捏嘴巴和鼻子。

身体

1 用深灰色粘土做蝙蝠侠的身体，身体归纳为倒三角型。

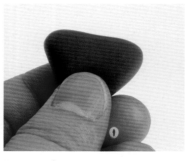

2 **Point!** 用食指肚捏出一个窝，让胸肌显得发达。

3 再用美工刀修饰出领口的部分。

4 美国英雄都有内裤外穿的习俗，所以我们蝙蝠侠也无法避免。

5 将短裤和身体组装起来，倒三角显得更加有力。

6 然后制作明黄色的腰带。

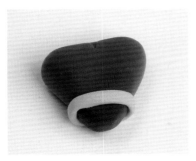

7 腰带做得宽一些，因为上面还有很多按钮。

8 装饰腰带和上衣。

9 然后制作手臂和手套。

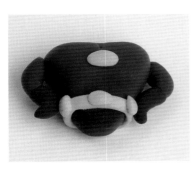

10 给蝙蝠侠做一个叉腰的姿势。

11 这是背面。

12 然后用骨架围出腿的形态。

13　再将粘土包裹在骨架上。

14　腿的造型基本完成。

15　最后，用深蓝色粘土捏出披风，放在一边等待干燥。

13.2 场景的制作步骤

1　首先制作楼宇的场景。

2　接下来是场景的整体效果，给主人公做什么样的场景完全取决于大家的喜好，大家可以自由发挥哦。

3　然后将身体组装到场景上。

4　再粘上头部。

5　最后将已经干燥的披风安装上。

6　蝙蝠侠黑夜中的矫健身姿是不是很帅气？

知识点：神奇的颜色

　　超轻纸粘土和橡皮泥都如水彩一样，是可以进行混色的。不同颜色的粘土，按照不同的比例混合，就能得出不同的新颜色。世界上的色彩千变万化。大家可以自己尝试一下，看看自己可以混合出多少种神奇的颜色。

★ 黑色和红色不同比例的混色效果 ★

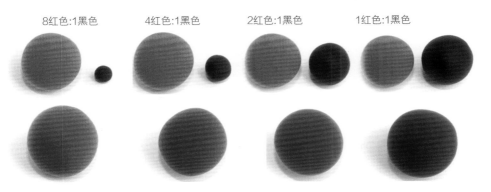

8红色:1黑色　　4红色:1黑色　　2红色:1黑色　　1红色:1黑色

以上是红色和黑色比例分别为8:1，4:1，2:1和1:1的混色效果。

★ 蓝色和黄色不同比例的混色效果 ★

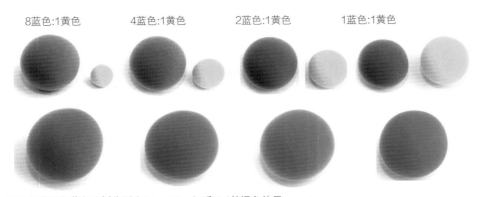

8蓝色:1黄色　　4蓝色:1黄色　　2蓝色:1黄色　　1蓝色:1黄色

以上是蓝色和黄色比例分别为8:1，4:1，2:1和1:1的混色效果。

14 良子——周小花的闺蜜

可爱温柔的良子是小花的闺蜜，她有自己最喜欢的小猫。这只小猫不是普通的猫，就是鼎鼎大名的机器猫。她说爱吃铜锣烧的机器猫最可爱，如果机器猫能够大驾光临她的咖啡店，她一定为他冲泡最好喝的蓝山咖啡。

· 制作材料 ·
1. 粉红色、黑色粘土大量
2. 白色棕色粘土少量
3. 尖头工具、毛笔、圆柱工具

14.1 良子的制作步骤

头部和五官

1 首先依然是基础脸型。

2 接下来用尖头工具抠出一个笑脸，再加上一个小小的鼻子。

3 然后为良子做一个笑眯眯的眼睛。
Point! 注意睫毛的应用：加上上扬的睫毛会让眼睛看起来更妩媚。

4 再用毛笔给脸颊上一层淡淡的粉红色水彩作为红脸蛋。

5 选择粉红色做她的头发，首先从刘海开始。

6 做一个白色的发带。

7 然后是发带上的蕾丝装饰。

8 接着用圆球表示辫子的形状。这几组人物我们都要做形体的归纳，辫子的形状也要归纳得简洁些。

9 最后将辫子组装在头上，其实良子的发型大家完全可以根据的自己的喜好来制作，例如可以做两个包子头，或者一个丸子头。

身体

1 接下来制作胳膊，女孩子的胳膊就要做的稍微纤细一些。

2 接着制作黑色女仆裙的基础造型，好像一个小窝头。裙子里要留出腿的空间哦。

3 黑色的基础造型做完以后开始用白色粘土做装饰。可以先捏袖口。

4 再来是裙子的蕾丝花边。我们用白色的小粘土片，一片一片的排列，留出一半在裙子外面。

5 然后做白色的围裙。

6 在装上上半身之后再将围裙的带子做上。

7 背面可以看到蝴蝶结的效果。

8 然后是领子部分。我们做一个小的白色领巾。

9 腿部的制作需要用到骨架。我们为良子配一双粉红色的鞋，这样与她的头发可以做一个呼应，也可以让大面积黑白的衣服亮起来。

10 将腿装入身体，然后再立于底座上。

11 分别将头和胳膊组装在身体上。

12 最后把手摆出端东西的姿势。良子的造型就完成了。

14.2 茶具的制作步骤

托盘

接下来制作托盘，我们用棕色粘土来制作。想要托盘的两个把手不塌，有个窍门，就是等待泥条稍微干燥后再安上。

盘子

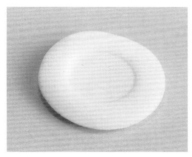

用白色粘土做盘子，盘子先捏个圆，然后用笔帽之类的圆形在中间按出一个痕，这样更像茶盘吧。

杯子

1 茶杯的制作方法是先揉一个白色的球，然后用圆柱工具在中间插出一个槽。

Point! 顺着圆柱工具的方向转动。手不断的整理粘土，就能做出这样的圆杯。

2 为杯子组装上杯把，咖啡杯就制作好了。

茶壶

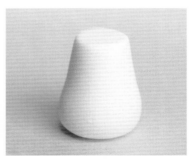

1 用食指向下抵住粘土团，不断地旋转，就能像做出图例这样的咖啡壶壶身。

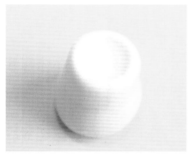

2 用圆柱工具在壶顶端按出一个凹槽。
Point! 按得时候要注意手要一直捏住壶的身体部分，否则下面的部分就会塌陷。

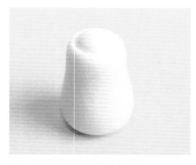

3 然后再用白色粘土做壶盖。

4 要根据壶身的比例做出壶嘴。

5 将壶嘴安装在壶身上，注意调整壶嘴与壶身的比例。

6 然后揉一个粗细一致的粘土线做壶把。壶把的安装位置请参考图例或者实物，这样做的咖啡壶才逼真。

7 这是咖啡壶、咖啡杯与1元硬币的大小对比图。想做得小而细致就要多些耐心哦。

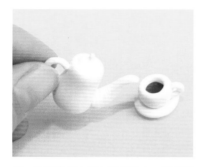

8 给咖啡杯中添上棕色粘土，提起咖啡壶像模像样的倒一下，是不是很有感觉？

9 在托盘上放两杯咖啡，用来装饰良子的造型。

10 最后等待托盘和咖啡杯都完全干燥以后再放到人物的手上否则潮湿的泥重量会压弯手臂。

良子和她的客人

15 机器猫——良子的客人

哆啦A梦是一只机器猫，他有一个口袋，口袋里面什么都有，像时光机器、竹蜻蜓、睡眠枕头、时间之门、自动引导铅笔等等神奇又好玩的玩意儿。无论是你想到的还是想不到的他都有，所以有了一只机器猫他就能帮你满足很多愿望。

· 制作材料 ·

1. 蓝色、白色、绿色、黄色粘土大量
2. 黑色、红色、棕色粘土少量
3. 圆柱工具、刀形工具

15.1 机器猫的制作步骤

头部和五官

1 首先制作一个基础圆形作为机器猫的脑袋。

2 接下来在一侧用白色粘土包裹，用来做面部。

Point! ▶ 趁着粘土还没有干燥，用圆柱工具掏出一个大嘴巴。

3 在嘴巴上方用白色粘土捏出机器猫的嘴唇。

4 然后用红色粘土填充口腔。填充之后，尽量用工具将内部修理圆滑。

5 再用粉红色粘土贴上舌头。在白色粘土的上端贴上眼睛，眼睛是椭圆形的，位置是一半在白色的脸部区域一半露在蓝色的头部区域。

身体

6 然后做脸部的其他细节，包括黑色的胡须和闭着的眼睛。最后用红色粘土做一个圆球当作机器猫的鼻子。

1 制作身体的部分时，首先在蓝色基础椭圆形的身体上贴上白色的肚皮，并在肚皮上做一个白色的兜兜。

2 四肢的比例大致是一样的。

3 然后做下肢，围出盘腿的造型。机器猫的腿很短小，所以将白色的脚掌靠在一起就可以了。

4 再用红色粘土做项圈。这个是机器猫的标志配饰，所以不能省略哦。

5 这是机器猫头和身体的比例图。

15.2 铜锣烧的制作步骤

6 先安上肢再安头部，摆出一个要吃东西的姿势。

7 最后做机器猫背后的尾巴。也是一个小圆球。

1 首先用棕色和黄色调出铜锣烧的外皮，用棕色做馅。

2 接下来将饼和馅组合，用手稍微按得结实一些。可口的铜锣烧就制作完成了。

3 为了符合机器猫爱吃铜锣烧的特点，我们可以多做一些铜锣烧摆在场景中。

4 再将一只铜锣烧放在机器猫举起的手中，将铜锣烧另外一端放入机器猫口中。吃铜锣烧的机器猫是不是栩栩如生了呢？

15.3 场景的制作步骤

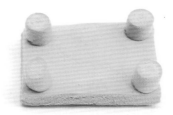

1 制作桌子时，首先揉出一条粗细均匀的黄色粘土条。用来做机器猫的小茶桌。

Point! ➤ 等待干燥以后用刀子进行等分。

2 接下来桌面做成一个长方形，等待干燥以后用刀形工具修出边角。

3 然后将四个桌子腿固定在桌面的四角。

4 小茶桌做好之后放在一边备用。

5 再来用一块绿色粘土做地毯。

6 将茶桌和铜锣烧固定在地毯上。

7 最后将机器猫也放上来。一副在房间里悠闲自在地吃着铜锣烧的机器猫小场景就制作完成了。

8 这些侧面效果图。

9 这是背面效果图。

汉米尔顿——周小花的校友

汉米尔顿是一名自由赛车手，他为人风趣、率性。他说自己的性格与一位卡通人物很像，那就是地狱男爵。他还说自己在赛场上风驰电掣征服速度的时候就有种超越极限的感觉。那感觉就像超人在天空自由飞驰一样。如果有一天他能够和超人赛一赛速度，那就太棒了。

· 制作材料 ·
1. 棕色、灰色、白色粘土大量
2. 黑色、红色粘土少量
3. 圆柱工具

16.1 汉米尔顿的制作步骤

头部和五官

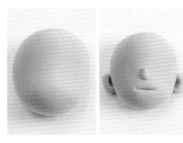

1 首先做头部、耳朵、鼻子和嘴巴。注意赛车手的肤色略微偏深，做男孩的时候通常将嘴巴做得大一些。

2 接下来眼睛和眉毛也做得粗犷些。我们为他选择鲜艳一些的发色。

身体

1 赛车服的上半身选用灰白相间的搭配。中间拉链的部分我们用红色，更能凸显色彩。

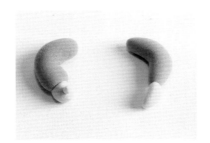

2 汉米尔顿的腿部我们做一个右腿搭在左腿上的随意姿势，然后将身体与腿组合在一起。

3 汉米尔顿的手臂。其中一只手我们做出翘着大拇指的手势。

头盔

1 然后做头盔。将白色粘土揉成椭圆形，作为基础型，用黑色粘土做头盔面罩的部分。

2 在黑色面罩的边缘捏一圈灰色粘土线进行装饰。为了与衣服呼应，我们为头盔加上三条红色彩条。

3 将头盔放在一只下垂的手臂下。这样的姿势是不是赛车手常见的拍照姿势呢？

4 最后将头部组装起来，安在底座上。一个帅气的赛车手汉米尔顿就制作完毕了。

16.2 赛车的制作步骤

车身

装饰

1 让我们做一台MINICOOPER，来作为我们帅气赛车手的座驾吧。首先用白色长方体做车身。

2 接下来用圆柱工具按出四个轱辘的位置。

1 然后做车身的细节。用灰色粘土的车灯。

2 再做汽车前脸的部分。我们用灰色粘土做底色，做车的时候完全可以参照实物照片来做细节。用灰色的细线做车脸上的散热孔。

3 用黑色粘土线包裹车轱辘的边缘。然后做车窗的部分，我们先用灰色粘土做一个基础型，放在车身上。

4 然后用黑色粘土线做车窗框。再加上黑色的车顶棚。

轮胎

Point! 其他小的细节，例如装饰门把手和倒车镜都不能省略哦。

1 为什么最后装轮胎呢？因为轮胎要等待完全干燥后才能用，而且先装上轮胎容易造成轮胎的变形。

2 好了，让赛车手和座驾一起合张影吧。一！二！三！茄子！

汉米尔顿和他的偶像

17 超人——汉米尔顿的偶像

超人出生在氪星。在氪星即将毁灭时，超人的父亲Jor-El和母亲Lara将还是婴儿的超人单独放进太空船送到了地球。在kent夫妇的关爱下度过了少年时代。后来，超人来到了大都会，在用记者的身份揭露罪恶的同时以超人的身份打击犯罪。

· 制作材料 ·
1. 蓝色、红色、绿色粘土大量
2. 棕色、肉色、黄色等粘土少量
3. 塑料片、刀形工具

17.1 超人的制作步骤

头部和五官

1 首先我们把超人的脸归纳为一个梯形。当然超人在您心目中是什么样子的，您可以按照自己的想法归纳。

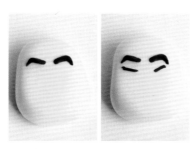

2 接下来做眉毛和眼睛。注意眉毛有高高耸起的眉峰。

3 然后做高高的鼻子。再用刀形工具切出嘴巴。

4 超人有着标志性的屁股下巴。据说有这种下巴得人都很性感。头发从鬓角两侧开始粘贴。

5 然后是头顶的头发，还有标志性的小刘海。等脸上的粘土稍微干燥以后，再用红色的粘土填充嘴唇。

身体

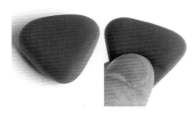

1 首先，用蓝色粘土做超人的上半身。胸肌的部分要用大拇指来按压，这样会留下一个层次，能够轻易地划分胸肌和腹肌。

2 完成后是这个样子的。

3 接着用工具做出领口，用红色粘土来做外穿的内裤。将裤子和上身进行连接，中间加上明黄色的腰带。

4 然后在上衣部分加上超人的装饰：一个钻石型的红底上用黄色的泥做花纹。

5 将头部与身体组装。

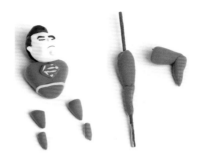

6 这是腿部与身体的比例图。将做好的腿部零件用骨架串起来。

7 将腿部安装到身体上并摆好需要的造型。

8 手部与身体的比例，如图。

9 胳膊安在身体上，摆出超人的标志性起飞动作。

10 最后用红色粘土做超人的披风。

17.2 场景的制作步骤

电话亭

1 首先剪一块长方形的塑料板。塑料板我们可以从平时收集的包装盒上取用。

2 接下来用红色粘土来装饰塑料板，将这块塑料板做成电话亭的门。

Point！ 需要的粘土线非常细，所以请大家耐心制作。

3 然后准备电话亭其他几个方向的板材，晾干备用。

电话

1 用灰色和红色粘土组合做出电话
机身。

2 再用黑色粘土做成电话机的话筒，
粘在机身上。

3 将电话机安装在电话亭里。

树

4 最后盖上顶、装上门。电话亭的主
体部分就做完了。

5 然后用白色粘土做电话亭顶端外部
的横条。

1 树丛我们可以选择做两个圆锥形的
松树和三个球形的灌木丛。

2 将做好的树丛装饰在电话亭周围。

3 然后把主角超人固定在上面。最后
加上披风，为披风摆出随风飞扬的
造型。

4 好了，一组小场景超人粘土公仔就
制作完成了。

18 小苏——周小美的男朋友

姐姐的男朋友是一名职业足球运动员，他是球场上的7号。他有许多喜爱的球星，他喜欢英式足球的硬朗，喜欢杰拉德外围远射的重炮表门。但他还有一位心中的另类偶像，那就是同样披着红色战袍的地狱男爵，他说每次地狱男爵用右手挥出重炮打败敌人的时候，他都觉得特别兴奋，真希望能带地狱男爵一起踢一场酣畅淋漓的球赛。

· 制作材料 ·
1. 红色、肉色粘土大量
2. 黑色、白色、黄色粘土少量
3. 圆柱工具、尖头工具

头部和五官

1 对于足球运动员的皮肤，我们用色稍微深一些会显得更健康。

2 眉毛上扬，嘴巴微笑，才显得活泼而又充满生机。

3 因为足球运动员都喜欢以稀奇古怪的发型来表现个性，这里我们也给他设计一款特立独行的发型吧。

身体

1 球衣要做出一个凹槽来放腿。然后用白色粘土做数字7和领子。

2 做出手臂和短袖，注意袖子上也要用白色的边做装饰。

3 然后将胳膊组装到身体上，摆出叉腰的姿势。

足球

4 然后制作运动短裤和闪亮的黄色战靴。

1 我们做一个Q版足球，来装饰这位足球小将。

2 最后将各个部件组合在一起。脚踏足球身披战袍的足球小将，是不是英姿飒爽啊？

地狱男爵——小苏的珍藏手办

地狱男爵是用黑魔法召唤出来的撒旦之子。他全身红色，长相恐怖，拥有无穷的力量。他被善良的人类教授抚养长大，一改本性，从此展开了与邪恶势力的殊死搏斗。

· 制作材料 ·
1. 红色、棕色粘土大量
2. 黑色、黄色粘土少量
3. 圆头工具、笔头、钢尺

19.1 地狱男爵的制作步骤

头部和五官

1 首先我们选用大红色来作为地狱男爵的肤色，对于西方男性脸型的归纳基本上都是梯形。

2 接下来用黑色粘土条做眼睛的底色。

3 然后用明黄色粘土做两只眼球。这里地狱男爵的造型是根据漫画版制作的，所以大家在制作之前可以好好研究一下。

4 接着做突出的眉弓骨，用与肤色相同的红色粘土制作。

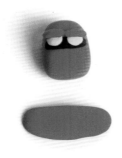

5 宽大的下巴所用的粘土量如图。

6 将做好的粘土片包裹在头部的1/2处。地狱男爵有着地包天式的下巴。这个特点要突显出来。

7 然后是鼻子。鼻子粘贴在眼睛下方的黑色粘土上，衔接下嘴唇。

8 接下来做标志性的大犄角和耳朵。

9 地狱男爵留的是日本武士的发型。我们可以先添加鬓角的头发和胡子。

身体

10 侧面效果图能看清楚后面的一个小发髻。

1 然后做上半身。制作一个厚实的梯形。

2 接下来用手捏出胸肌和腹肌纹理。

3 Q版地狱男爵的头和身体的比例，如图例。

4 然后做黑色的短裤和棕色的腰带，身体的造型整体上也呈倒三角型。

5 另一个标志是粗壮的右胳膊。上面的花纹可以用身边的工具制作。

Point! 这里我们所用的笔头部分有不同大小的同心圆，工具问题就解决了。

6 然后用两片红色的圆粘土片和右胳膊做上下连接。

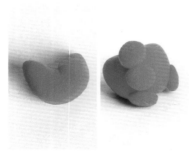

7 接下来制作另外一只胳膊和钢铁大手。

8 将手和手臂连接在一起，放在一边晾干备用。

9 　Q版的黑色手枪和那只与正常人一样的手臂。只需简单造型就可以，因为繁中有简的作品才有看点。

10 　接着做腰带上的装饰，比如子弹袋，我们选用棕色粘土制作。

11 　然后做两条腿，注意他的脚掌是蹄子的造型，分为两半。

12 　将地狱男爵的头部与身体组合起来，根据西方动画里的造型，头要向前探出一些。

13 　然后将身体与腿部连接，摆出造型。

14 　从侧面看是一个半跪的造型。

风衣

1 　用一款米黄色粘土做风衣。

2 　接下来在没有安装胳膊之前粘贴风衣的主体部分。

3 　然后用棕色粘土做出风衣的立领。

4 在大手臂上端做上风衣的袖子部分。

5 另外拿枪的那只手也做上风衣袖子的部分。

6 将胳膊整体连接起来。

19.2 场景的制作步骤

7 然后将做好的两只胳膊组装到地狱男爵的身体上。

8 最后在风衣底下装上一条红色尾巴。

1 接下来我们用棕色粘土做底座，然后装饰成墓地的场景，我们先做可爱的Q版小骷髅头。

2 这样的装饰不会显得恐怖，反而有些可爱，是不是？

3 再加上一块残破的墓碑。这个场景就制作完毕了。

4 最后将地狱男爵组装在场景上，看他精神集中、手举手枪的样子，不知道正在和什么样的怪物作战呢？

 粘土·小·贴士 超轻纸粘土的混合性能很强，所以大家尽情的调配颜色吧，可以让你的作品颜色更加丰富。

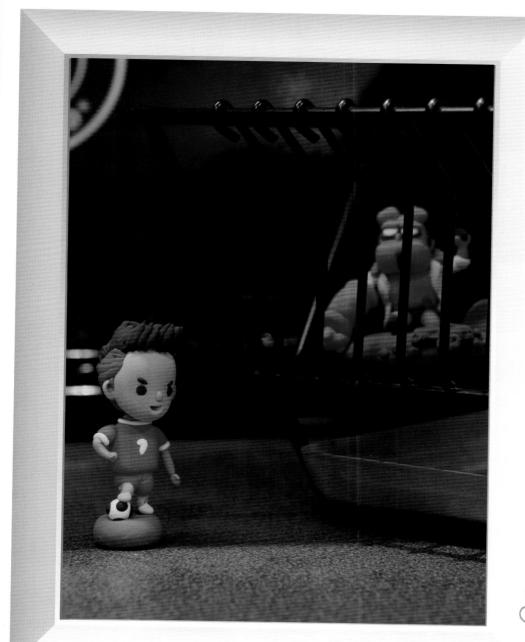

小苏和他的珍藏手办

㉟ 小甜甜——周小美的闺蜜

小甜甜是小花姐姐的好朋友，她经营着一家自己的甜品店。她做的甜品大家都说漂亮又好吃。可是每天都忙碌于工作的她偶尔也想放松一下，她特别希望能像轻松熊一样能够靠在枕头上好好地大睡一天一夜。

·制作材料·
1. 棕色、肉色、绿色粘土大量
2. 粉色、红色、白色等粘土少量
3. 刀形工具、牙刷、铁丝、毛笔、尖头工具、塑料泡泡纸、吸管、剪刀

20.1 小甜甜的制作步骤

头部和五官

1　小甜甜拥有白皙的脸庞，我们为她选择比较浅的肤色。

2　给她制作五官的时候要以清秀为主。眉毛是弯弯的柳叶眉。还要为她做上长长的睫毛。

3　然后为她做上一头栗色的卷发，粘贴时都要注意层次。依照人的头发走向来拼贴才会显得自然。

4　头发做好以后为她戴上一个粉红色的蝴蝶结。

身体

1　连衣裙的上半身部分，用白色粘土制作。用刀形工具切出"V"字领。

2　然后用糖果绿做裙摆。用刀形工具切出裙摆的效果。

3　然后做两只胳膊，用与裙子相同颜色的粘土做上两只短袖。

4　然后做粉红色的鞋子，我们做成米粒的形状。

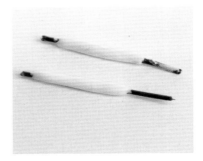

5　腿需要用骨架来做支撑。

6 将身体与裙摆组合。

7 将两只胳膊分装在身体两侧。要注意身体的姿态。

8 组装腿和脚之后安在底座上。

9 最后将头部也组装上来。

10 看一下戴蝴蝶结的侧面。

11 这是另一个侧面的效果。

20.2 奶油蛋糕卷的制作步骤

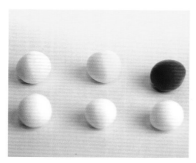

1 接下来做蛋糕卷，首先准备如图的粘土球备用。

Point! 这里说一下，蛋糕的制作我们选用的都是进口粘土，因为这种粘土比较容易做出肌理。

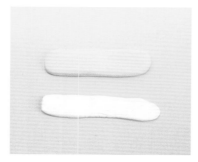

2 将这一组粘土球擀成宽窄相同的粘土片。长短也尽量保持一致。

3 然后将白色粘土置于黄色粘土上端叠放在一起。

4 将粘土条向内卷起，就形成了如图的夹着奶油的蛋糕卷。蛋糕上的肌理我们可以用牙刷压出来。

5 用同样方法制作出其他两个蛋糕卷的基础部分。

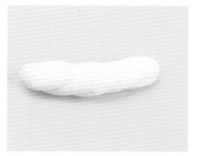

6 然后做蛋糕卷上的奶油条，先做一个粘土条，然后用刀形工具切出两条竖线，然后旋转，即可得到如图效果。

7 将奶油条放置于蛋糕卷的顶端。

8 然后为粉红色蛋糕做上一片绿色的小叶子。

9 叶子上面加上一颗红红的草莓。

10 草莓最外面用亮漆刷一下，效果会更漂亮。

11 为巧克力蛋糕配上一颗樱桃。

12 加上樱桃梗。别忘了也给樱桃外部刷上亮漆。

13 我们为原味蛋糕卷添上几颗蓝莓做装饰。

14 这里要想做的逼真就别忘记蓝莓上的蒂，用黑色粘土制作更有效果。蓝莓不要刷亮漆哦，因为它原本就有一种雾朦朦的效果。

15 好了，三只口味不同质感不同的蛋糕卷就制作完成了，是不是看上去很可口啊？

20.3 曲奇的制作步骤

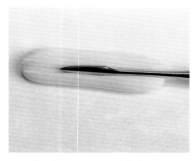

1 接下来我们做曲奇饼干。先准备5等分的粘土量，用这种有黄金面感觉的泥色。

2 接下来用刀形工具在长条泥上切出纹理。

3 纹理如图。

4 然后拉着泥条的两端，围成如图这样的圈。

5 等待粘土干燥以后，用事先调好的赭石色涂于饼干的表面。

Point! 这里要注意，涂的时候越随意越像烘培过的效果哦。

6 看！5个都做好了，摆在一起是不是有点以假乱真了！

 粘土·小贴士

利用工具可以给超轻纸粘土制造出很多不同的肌理效果。

20.4 夹心饼干的制作步骤

1 再做一种复古的夹心饼干。先做出来6个大小一样的圆饼。

2 接下来用刀形工具圆滑的部分切出饼干四周的花边。

3 然后用圆头工具在饼干的上层按出花纹。

4 等粘土干燥后涂上颜料，使其有烘焙的效果。

Point! 粘土一定要干燥哦，否则效果不佳。

5 然后将白色粘土填充在饼干里做夹心用的奶油。用尖头工具挑出肌理，使其有奶油蓬松的效果。

6 将做好的另一块饼干盖在上面。

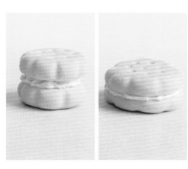

7 刚刚盖上的时候会很高，为了更像饼干的造型，可以将它们压扁。

8 夹心饼干完成了。

9 怎么样？这样的夹心饼干你一定吃过吧。

20.5 彩色棒棒糖的制作步骤

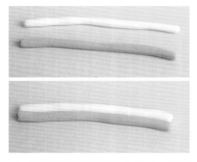

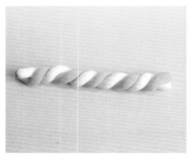

1 甜品店不可或缺的主角——棒棒糖。我们今天做两种颜色的棒棒糖。首先将选择好的颜色揉成条，记住一定要均匀啊。

2 接下来将两条粘土条卷起来，这里一定要轻，否则泥条就卷得宽度就不均匀了。

3 然后向内侧卷成一个卷。

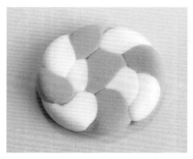

4 再用手把泥卷捏平。

5 然后将事先做好的小棍插入底部。棒棒糖就做好了。

6 棒棒糖的颜色非常丰富，大家可以充分发挥自己的想象来制作。

20.6 彩色糖果的制作步骤

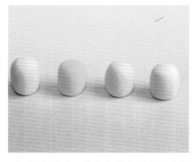

1 做糖果时，首先将粘土捏成图中这样的小鼓形状。

2 接下来选择与糖的主体一致的颜色，做糖纸拧出的花。

3 然后用刀形工具在粘土球上切出如图的花纹。

4 将小花分别粘贴在糖的两侧。

5 传统糖纸包裹的糖果主体部分就做好了。

6 最后用白色的圆点装饰糖纸，可爱的糖果就制作完毕了！大家可以做很多很多，放在玻璃瓶子里一定很漂亮。

20.7 冰激凌蛋筒的制作步骤

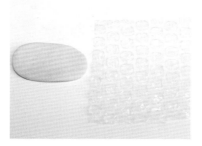

1 甜品店当然少不了冰激凌了。首先调出冰激凌蛋卷的颜色。

2 接下来将粘土擀成粘土片。

3 然后准备一张塑料泡泡纸，将泥片包裹起来。

4 再用力按下去，就形成了如上图的肌理。

5 在用如图的塑料吸管按出蛋卷上面的压痕。这些工具都能从日常生活中搜集到。

6 蛋卷的印花效果如图。

7 然后把蛋卷卷起来，如果您不能保证卷的很好可以先用剪刀修理一下泥片再卷。

8 准备3个蛋卷备用。

9 将冰激凌球安放在蛋卷上，这里用牙刷做冰激凌的质感。

10 冰激凌球被扣在蛋卷上的时候一般四周都会流出一些冰激凌。只有把细节做到位才会更加的逼真哦。

11 用工具将球体和多出来的部分填平一些，这样的效果是不是更像真的冰激凌？

12 一般草莓冰激凌里都会加上一些果肉，我们也加上一些吧，将粉红色的泥用工具插入冰激凌球。效果不错吧。

13 然后再做几个其他口味的冰激凌球，如原味的和芒果味的。

14 怎么样？是不是想咬上一口啊？

小甜甜和室友

21 轻松熊——小甜甜的室友

Rilakkuma是轻松熊的本名，它是一只生活得非常轻松的小熊，它在人们眼中永远都是那么的轻松自在，所以大家都期望拥有它那样轻松自在的生活。

·制作材料·
1. 棕色、黄色、橙色等粘土大量
2. 黑色、白色、蓝色等粘土少量
3. 圆柱工具

21.1 轻松熊的制作步骤

头部和五官

1 首先做轻松熊的头，是一个扁的椭圆形。

2 接下来对照耳朵与头部的比例制作耳朵。

3 然后内耳廓用黄色粘土做装饰。

4 再将耳朵粘贴在头部顶端两侧。

Point! 嘴巴是白色的，整体位置约在脸部1/2处下方。

5 眼睛与嘴巴整体上方的白色粘土在一个水平线上。

6 然后用细细的黑色粘土线勾勒嘴巴的形状——一个同上的"〈"号。在嘴的夹角部分填充红色的小舌头。

7 最后粘上鼻子并将粘土线的接头部分封在里面。

身体

1 轻松熊的身体也是椭圆形，用圆柱工具以十字压法分割出四肢。

2 接下来捏出相同比例的四肢来。

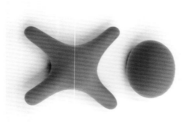

3 头部和四肢的比例如图。

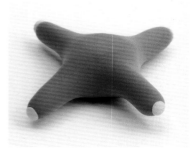

4 然后为四肢做上黄色的掌垫。

5 再贴上椭圆的白色肚皮。

6 为四肢摆造型。手臂向上，两条腿呈V字型翘起。

7 侧面可以将造型看得更清楚。

8 这是完成后头和身体的比例图。

9 将头部与身体粘合，轻松熊的主体部分就做完了。

10 对于他睡觉时吹起的鼻涕泡，我们用一块蓝色的泥做成水滴的形状备用。

粘土·小·贴士 做作品之前可以先在纸上画些草稿，开始制作的时候就更有把握了。

床垫与枕头

11 将泡泡粘贴在鼻子的下方，睡觉的轻松熊就完成了。

1 接下来做床垫和枕头。我们选择用明亮的颜色来提升整体的色彩感。将枕头安放在床垫的一角，捏出被压下去的凹槽。

2 最后将轻松熊固定在上面。

21.2 猪鼻子小鸡的制作步骤

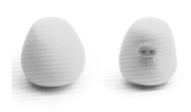

1 轻松熊的身边总是有只猪鼻子小黄鸡。我们先做一个黄色的身体。然后贴上橘红色的鼻子，用尖头工具扎出鼻孔。

2 接下来贴上眼睛。然后粘上短小的翅膀。

3 再做头顶的两根立起来的毛毛。用棕色粘土做出纤细的爪子。

4 这是猪鼻子小黄鸡的侧面效果图。再为它做一个泡泡，及用粉红色粘土线做的粉红脸蛋。

5 最后给轻松熊也加上粉红脸蛋。再将猪鼻子小鸡也放在场景里。

6 看这两个小家伙睡得多么香甜啊。大家也是哦，平时多注意休息。

知识点：神奇的骨架

超轻纸粘土人偶公仔在有些情况下是需要骨架的，这样可以增强人偶腿部或腰部的支撑力。制作粘土手办并不像定格动画一样，需要购买昂贵的骨架，在这里7号人老师推荐缠着纸的铁丝，如果手头没有，可以用牙签或铁丝代替。

进口骨架价格不菲，一个关节就需要十几美元。粘土公仔不需要这么昂贵的配件。

在本书中，公仔的骨架多用在头部与身体的连接处，再就是腿部与腰部、腿部与地面的连接。所有的连接均为了增强粘土的硬度，使公仔能够更加持久地站立。

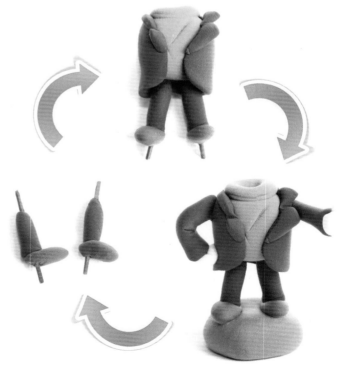

Postscript 后记

　　怎么样？朋友们，通过学习这本《7号人轻松粘土魔法课》，是否让您重新拥有了神奇的"魔力"？这种"魔力"不仅仅是一种把世间万物变成卡哇伊粘土公仔的能力，更是一种让您回味童年时光的能力。当您把自己亲手制作的卡通公仔送到亲人、爱人或朋友的手上时，您一定会感受到一种从未有过的快乐。这就是创造的快乐。当然了，7号人也希望大家能够将这种能力传递给身边的人，让每个人都拥有神奇的粘土"魔法"。如果您在学习本书的过程中遇到了困难，希望有人能为您答疑解惑，或者想把自己的创作心得分享给更多的朋友，7号人要向大家推荐一个咱们的小窝——土气网（ＷＷＷ.ＣＬＡＹ7.ＣＯＭ）。在那里，您便如同到了一个粘土的世界，通过学习和交流使自己的粘土功力大增，打败天下无敌手，最后再次感谢各位读者的支持，祝大家天天快乐。

欢乐的时光总是过得特别快！

朋友们，下本书再会！

如果您也想拥有神奇的粘土魔法，那么请登录
www.clay7.com
土气网
和他的小伙伴们都在这里哦！

图书在版编目（CIP）数据

7号人轻松粘土魔法书.卡通玩偶篇 / 7号人，糖果猴编著.
— 北京：中国青年出版社，2013.12
ISBN 978-7-5153-2106-6
I.① 7… II.① 7… ②糖… III.①粘土－手工艺品－制作 IV.① TS973.5
中国版本图书馆 CIP 数据核字（2013）第 287376 号

7号人轻松粘土魔法书——卡通玩偶篇
7号人　糖果猴　编著

出版发行　🦁中国青年出版社
地　　址：北京市东四十二条 21 号
邮政编码：100708
电　　话：（010）59521188 / 59521189
传　　真：（010）59521111
企　　划：北京中青雄狮数码传媒科技有限公司

策划编辑：唐丽丽　唐棣
责任编辑：刘稚清　刘冰冰
助理编辑：张　琳
书籍设计：唐　棣
封面制作：孙素锦

印　　刷：北京瑞禾彩色印刷有限公司
开　　本：787×1092　1/16
印　　张：7.5
版　　次：2014 年 1 月北京第 1 版
印　　次：2018 年 7 月第 10 次印刷
书　　号：ISBN 978-7-5153-2106-6
定　　价：29.80 元

本书如有印装质量等问题，请与本社联系
电话：（010）59521188 / 59521189
读者来信：reader@cypmedia.com
如有其他问题请访问我们的网站：http://www.cypmedia.com